# BEI GRIN MACHT SICH IHR WISSEN BEZAHLT

- Wir veröffentlichen Ihre Hausarbeit,
  Bachelor- und Masterarbeit

- Ihr eigenes eBook und Buch -
  weltweit in allen wichtigen Shops

- Verdienen Sie an jedem Verkauf

Jetzt bei www.GRIN.com hochladen
und kostenlos publizieren

Sven-David Müller

# Brottrunk in der Ernährungsmedizin und Diätetik

## Brottrunk, Probiotika, Brotmilchsäurebakterien, Milchsäurebakterien und Brotsaft in der Ernährung des Menschen

GRIN Verlag

**Bibliografische Information der Deutschen Nationalbibliothek:**

Die Deutsche Bibliothek verzeichnet diese Publikation in der Deutschen National-
bibliografie; detaillierte bibliografische Daten sind im Internet über http://dnb.d-
nb.de/ abrufbar.



**Impressum:**

Copyright © 2011 GRIN Verlag GmbH
Druck und Bindung: Books on Demand GmbH, Norderstedt Germany
ISBN: 978-3-640-87294-7

**Dieses Buch bei GRIN:**

http://www.grin.com/de/e-book/168219/brottrunk-in-der-ernaehrungsmedizin-und-
diaetetik

*Brottrunk aus ernährungsmedizinischer und ernährungswissenschaftlicher Sicht*

Von Sven-David Müller, M.Sc.


### Warenkunde: Was ist Brottrunk?

Die Vorläufer des heutigen Brottrunks sind in Russland zu suchen. Dort gibt es noch heute den Kwaas. Das ist ein vergorenes Brotgetränk, das im Gegensatz zu Brottrunk geringe Mengen Alkohol enthält.

Brottrunk ist ein sauer schmeckendes, alkoholfreies  Gärgetränk, welches aus den Grund-zutaten Wasser und Vollkornbrot hergestellt wird. Dazu wird zunächst in einem speziellen Verfahren ein Sauerteigbrot aus Roggen, Weizen und Hafer gebacken. Das verwendete Getreide stammt dabei ausschließlich aus kontrolliert biologischem Anbau. Der entstandene Brotlaib wird zerkleinert und mit Quellwasser versetzt. Aus diesem Gemisch entsteht in einem monatelangen Reifungsprozess der Brottrunk. Diverse wertvolle Inhaltsstoffe werden dabei aus dem Brot herausgelöst und gehen in den Trunk über. Sie sind verantwortlich für die positive Wirkung auf den Stoffwechsel und die Darmflora des Körpers.

Während der Reifung setzen die im Brot enthaltenen Milchsäurebakterien eine Gärung in Gang. Die dabei entstehende Milchsäure (Lactat) bewirkt eine Absenkung des pH-Wertes und bewirkt den charakteristisch säuerlichen Geschmack des Brottrunks. Bei einem pH-Wert von 2,9 stellen die Milchsäurebakterien ihre Gäraktivität ein und der Reifungsprozess ist abgeschlossen. Das entstandene Produkt wird filtriert und man erhält den fertigen Brottrunk.
Die Ursprünge des Brottrunks liegen wahrscheinlich in Russland. Dort wurde aus Brot, Wasser, Sauermilch und Gewürzen ein alkoholhaltiges, vergorenes Getränk, der Kwass, her-gestellt. Dieses galt als sehr gesund, denn Menschen, die regelmäßig Kwass tranken, wurden seltener krank. Der Erfinder des Brottrunks war der Bäckermeister Wilhelm Kanne, der 2010 im Alter von 77 Jahren verstorben ist. Brottrunk wird aber weiterhin in der Nähe von Dortmund (Selm-Bork in der Nähe von Lünen) produziert. Leben Brottrunk produziert die Firma Kanne Brottrunk auch noch andere Produkte, die der Gesundheitsförderung dienen. Zudem gehört zum Kanne Unternehmensbereich eine Großbäckerei mit einer Vielzahl von Filialen. Eine Versuchsgärtnerei und viele andere ökologisch orientierte Anlagen und Einrichtungen runden den Kanne Unternehmensbereich sinnvoll ab.


### Inhaltsstoffe des Brottrunks

### Übersicht

Der fertige Brottrunk enthält verschiedene Vitamine und Mineralstoffe, Enzyme, Milchsäure, Hefen und Eiweißbausteine (Aminosäuren). Sein wohl wichtigster Bestandteil sind die lebenden, probiotisch wirksamen Milchsäurebakterien. Brottrunk hat mit 6 Kilokalorien pro 100 Milliliter einen ausgesprochen niedrigen Energiegehalt und kann daher auch als Diätetikum eingesetzt werden. Lebensmittelrechtlich betrachtet handelt es sich bei Brottrunk um ein Lebensmittel. Die folgende Tabelle gibt einen Überblick über die Inhaltsstoffe des Brottrunks.

| **Nährwertangaben/100g** | |
|---|---|
| Fett | 0,01 g |
| Protein | 0,2 g |
| Kohlenhydrate | 0,06 g |
| Ballaststoffe | 0,14 g |
| Brotmilchsäure | 1,1 g |
| Lebende Milchsäurebakterien | > 5 Millionen |
| **Mineralstoffe** | |
| Calcium | 12,0 mg |
| Chlorid | 70,0 mg |
| Eisen | 0,37 mg |
| Kalium | 24,5 mg |
| Kupfer | 2,8 µg |
| Magnesium | 9,3 mg |
| Mangan | 88,0 µg |
| Natrium | 52,0 mg |
| Phosphor | 19,7 mg |
| Selen | <4,0 µg |
| Zink | 0,21 mg |
| **Vitamine** | |
| Vitamin $B_1$ | 0,01 mg |
| Vitamin $B_2$ | <0,004 mg |
| Vitamin $B_6$ | <0,037 mg |
| Vitamin $B_{12}$ | 0,37 µg |
| Vitamin C | <0,01 mg |
| Biotin | 0,0059 mg |
| Niacin | 0,09 mg |
| Folsäure | <5,0 µg |
| Pantothensäure | <0,05 µg |
| Vitamin A | <0,5 µg |
| Vitamin D | <50 i.E. |
| Vitamin E | <0,01 mg |
| Vitamin $K_1$ | 35,0 ng |
| **Aminosäuren / Liter** | |
| L-Alanin | 33 mg |
| L-Arginin | 33 mg |
| L-Asparaginsäure | 40 mg |
| Glycin | 42 mg |
| L-Glutaminsäure | 14 mg |
| L-Isoleucin | <20 mg |
| L-Leucin | 30 mg |
| L-Methionin | <20 mg |
| L-Serin | 39 mg |
| L-Threonin | 30 mg |
| L-Tyrosin | 20 mg |
| L-Valin | 20 mg |
| L-Lysin | 36 mg |

*Tabelle 1: Inhaltsstoffe des Brottrunks (6)*

Die im Brottrunk enthaltenen Hefen setzen sich gelegentlich am Boden der Flasche ab und verbinden sich mit den Milchsäurebakterien zu Schlieren. Diese sind keinesfalls gesundheitlich bedenklich, sondern lediglich eine Folge des Verzichts auf Zusatzstoffe. Falls Sie diese Schlieren entdecken, schütteln Sie den Brottrunk kräftig, bis sie sich wieder gelöst haben.

*Vitamine*

Vitamine sind organische Substanzen, die für den menschlichen Organismus unentbehrlich sind. Unser Körper kann sie nicht oder nicht in ausreichender Menge selbst herstellen. Daher sind wir auf eine regelmäßige Zufuhr der Vitamine selbst oder ihrer Vorstufen über die Nahrung angewiesen. Sie werden nach ihren Lösungseigenschaften in wasser- und fettlösliche Vitamine eingeteilt. Die folgende Tabelle zeigt eine Übersicht über die für den Menschen lebensnotwendigen Vitamine, ihre Aufgaben und den täglichen Bedarf.

| | Referenz-wert | Aufgaben |
|---|---|---|
| **Wasserlösliche Vitamine** | | |
| Vitamin C | 1000 mg | Bildung von Bindegewebe, Wundheilung, antioxidativ wirksam |
| Vitamin B1 (Thiamin) | 1,0-1,3 mg | Energie- und Kohlenhydratstoffwechsel, Nerven- und Muskelgewebe |
| Vitamin B2 (Riboflavin) | 1,2-1,5 mg | Energie- und Eiweißstoffwechsel |
| Vitamin B6 (Pyridoxin) | 1,2-1,6 mg | Aminosäurestoffwechsel, Blutbildung, Nerven- und Immunsystem |
| Vitamin B12 (Cobal-amin) | 3,0 µg | Fettsäurestoffwechsel, Blutbildung |
| Niacin | 13,0-17,0 mg | Eiweiß-, Kohlenhydrat- und Fettstoffwechsel, Zellteilung |
| Biotin | 30-60 µg | Eiweiß-, Kohlenhydrat- und Fettstoffwechsel |
| Pantothen-säure | 6,0 mg | Eiweiß-, Kohlenhydrat- und Fettstoffwechsel, Aufbau von Hormonen und Cholesterin |
| Folsäure | 400 µg | Zellteilung und –neubildung, Eiweißstoffwechsel, Blutbildung, Senkung des Homocysteinspiegels |
| **Fettlösliche Vitamine** | | |
| Vitamin A | 0,8-1,1 mg | Sehvorgang, Haut und Schleimhäute, Immunsystem |
| Vitamin D | 5 µg | Calcium- und Phosphatstoffwechsel, Knochenbildung |
| Vitamin E | 12,0- | Fettstoffwechsel, antioxidativ |

| | 15,0 mg | |
| --- | --- | --- |
| Vitamin K | 60-80 µg | Blutgerinnung, Knochenbildung |

*Tabelle 2: Vitamine im Überblick (modifiziert nach 3)*


## Mineralstoffe

Für den Menschen sind 17 Mineralstoffe lebensnotwendig. Mineralstoffe sind anorganische, wasserlösliche Salze, die wir Menschen nicht selber herstellen können und daher täglich mit der Nahrung aufnehmen müssen. Sie dienen als Baustoffe, regulieren den Flüssigkeits- und Säure-Basen-Haushalt, sind Bestandteile oder Aktivatoren von Enzymen und Hormonen. Daher sind sie für die Aufrechterhaltung aller Körperfunktionen bedeutend. Sie werden je nachdem in welchen Mengen der Körper sie benötigt, in Mengen- und Spurenelemente unterteilt.

| | Referenz-werte | Aufgaben |
| --- | --- | --- |
| **Mengenelemente** | | |
| Natrium | 550 mg | Wasser-, Säure-Basen-Haushalt, Transportsysteme, Enzymaktivator |
| Chlorid | 830 mg | Wasser- und Säure-Basen-Haushalt |
| Kalium | 2000 mg | Transportprozesse, Reiz-leitung der Nerven, Muskelaktivität, Wasser-haushalt |
| Calcium | 1000-1200 mg | Baustein von Zähnen und Knochen, Blutgerinnung, Reizleitung der Nerven |
| Phosphor | 700–1250 mg | Bestandteil der Knochen und Zähne, Energiehaushalt |
| Magnesium | 300-400 mg | Enzymaktivierung (u.a. Aufbau von Eiweiß, Zellteilung), Muskeltätigkeit |
| **Spurenelemente** | | |
| Eisen | 10-15 mg | Bestandteil des Blut-farbstoffs Hämoglobin (Sauerstofftransport), Bestandteil von Enzymen |
| Jod | 180-200 µg | Bestandteil der Schild-drüsenhormone, Ener-gieumsatz, Wachstum, Wärmeregulation |
| Fluorid | 2,9-3,8 mg | festigt Knochen und Zähne |
| Zink | 7,0-10,0 mg | Enzymbestandteil und -aktivator, Zellwachstum und -differenzierung, antioxidativ |

| Selen | 30-70 µg | antioxidative Wirkung, Aufbau von Schilddrüsenhormonen |
|---|---|---|
| Kupfer | 1,0-1,5 mg | Enzymbestandteil, Eisenstoffwechsel |
| Mangan | 2,0-5,0 mg | Knorpel- und Knochen-aufbau, Enzymbestandteil |
| Chrom | 30-100 µg | Kohlenhydratstoffwechsel, Insulinfunktion |
| Molybdän | 50-100 µg | Enzymbestandteil |

*Tabelle 3: Mineralstoffe im Überblick (modifiziert nach 3)*

## *Aminosäuren*

Aminosäuren sind die Bausteine von Proteinen. Sie dienen dem Aufbau von Körperstrukturen (z.B. Muskulatur) und sind außerdem Bestandteil von Enzymen und Botenstoffen. Für den erwachsenen Menschen sind dabei neun Aminosäuren am wichtigsten: Histidin, Isoleucin, Leucin, Lysin, Methionin, Phenylalanin, Threonin, Tryptophan und Valin. Diese müssen mit der Nahrung aufgenommen werden. Brottrunk enthält sechs dieser unentbehrlichen Aminosäuren (Isoleucin, Leucin, Lysin, Methionin, Threonin, Valin) und leistet damit einen Beitrag zur Versorgung mit den lebensnotwendigen Eiweißbausteinen.

## *Milchsäurebakterien*

Zu den Milchsäurebakterien zählen Lactobazillen, Bifidobakterien und bestimmte Arten der Gattung Streptococcus. Milchsäurebakterien sind nicht-pathogene Mikroorganismen. Sie können Kohlenhydrate, vor allem Glucose (Traubenzucker) und Lactose (Milchzucker), unter anaeroben Bedingungen, also unter Ausschluss von Sauerstoff, zu Milchsäure abbauen. Diese Eigenschaft wird in der Lebensmittelverarbeitung genutzt. Die von den Milchsäurebakterien gebildete Milchsäure, senkt den pH-Wert des Lebensmittels, hemmt das Wachstum lebensmittelverderbender Mikroorganismen und dient somit der Konservierung des Produktes.

Gegenüber vielen anderen Methoden zur Haltbarmachung, hat die Milchsäuregärung den Vorteil, dass das Lebensmittel nicht erhitzt wird, was für die enthaltenen Nährstoffe schonender ist. Oft werden die Lebensmittel auch bekömmlicher. Besondere Bedeutung haben milchsaure Produkte für Veganer, da sie die einzige pflanzliche Quelle für Vitamin $B_{12}$ darstellen.

Für den Brottrunk ist die Milchsäuregärung doppelt wichtig: Das für die Brottrunk-Herstellung verwendete Brot wird aus einem Sauerteig hergestellt, in dem die erste Milchsäuregärung stattfindet. Im weiteren Herstellungsprozess entsteht aus diesem mit Wasser vermengten Brot durch eine zweite Milchsäuregärung der Brottrunk.

Durch ihre probiotische Wirkung sind Milchsäurebakterien auch ein äußerst wichtiger Bestandteil der Darmflora und des Immunsystems (s. Kapitel 3).

*Milchsäure*

Milchsäure ist eine Genusssäure, die seit vielen Jahrhunderten genutzt wird, um Lebensmittel zu konservieren. Die bekanntesten milchsauren Produkte sind Joghurt, Sauerkraut und Sauerteigbrot.

Entdeckt wurde Milchsäure erstmals im Jahr 1780 in saurer Milch von dem Chemiker Karl Wilhelm Scheele. Milchsäure ist eine schwache organische Säure. Da das mittlere Kohlenstoffatom eine unterschiedliche Symmetrie aufweisen kann, gibt es zwei verschiedene Milchsäure-Arten (Isomere). Die rechtsdrehende L-(+)-Milchsäure und die linksdrehende D-(-)-Milchsäure drehen polarisiertes Licht in unterschiedliche Richtungen. Die im menschlichen Organismus hauptsächlich gebildete Form ist die rechtsdrehende Milchsäure. Milchsäurebakterien bilden meist beide Isomere, jedoch in unterschiedlichem Verhältnis zueinander. Die Menge der beiden Milchsäureformen in einem Lebensmittel ist daher von den verwendeten Bakterienkulturen abhängig. L-(+)-Milchsäure ist für den menschlichen Organismus gut verwertbar und wird in den Stoffwechsel eingeschleust. Sie wird in der Niere für den Energiestoffwechsel rückresorbiert und kann in der Leber zu Zucker und Glykogen, dem Reservestoff, aufgebaut werden. Der Abbau der D-(-)-Milchsäure geht langsamer vonstatten. Entweder kann sie über die Niere ausgeschieden werden oder sie wird ins Gewebe eingelagert. Linksdrehende Milchsäure ist jedoch – entgegen früherer Behauptungen - nicht schädlich (24).

Milchsäure wird auch durch bestimmte Bakterien der Darmflora gebildet. Sie bewirkt eine Senkung des pH-Wertes auf 2,9 im Darmlumen und trägt damit zur Abwehr schädlicher säureempfindlicher Keime bei, die absterben.

Zudem besitzt sie die Fähigkeit Wasserstoffionen zu entwickeln, so dass ihr eine Desinfektionswirkung zuerkannt werden kann (9).

***Der Darm und seine Mikroflora***

Der menschliche Darm ist im Grunde ein langer Schlauch, dessen innere Oberfläche stark gefaltet ist. Auseinandergefaltet und ausgebreitet besitzt die Darmschleimhaut eine Fläche von etwa 400 Quadratmetern! Die Hauptfunktion des Darmes besteht darin, Nährstoffe und Wasser aus der Nahrung in den Körper aufzunehmen. Daher durchqueren viele Lebensmittel, aber auch Keime täglich den Darm, und viele davon können allergene oder andere pathogene Wirkungen ausüben. Doch ein effektives Abwehrsystem verhindert, dass potenziell gefährliche Stoffe in das Blut- oder Lymphsystem eindringen können. Dieses darmassoziierte Immunsystem reagiert schnell und effizient auf Krankheitserreger und eliminiert sie, bevor sie sich vermehren und schädliche Wirkung entfalten können. Es macht 80 Prozent unseres gesamten Immunsystems aus.

Die Schleimhaut des unteren Dünndarms, des gesamten Dickdarms und Mastdarms ist von Milliarden von Mikroorganismen besiedelt, die bis zu 400 verschiedenen Bakterienspezies angehören. Bestimmte Arten der Mikroorganismen in der Darmflora weisen eher günstige und andere eher ungünstige Eigenschaften auf. Als positiv werden Bakterien angesehen, die selbst nicht pathogen sind, keine toxischen Substanzen produzieren oder freisetzen und die Stoffwechselprozesse im Darm günstig beeinflussen.

Normalerweise befinden sich die Mikroorganismen in einem Gleichgewicht, in dem die positiven Eigenschaften überwiegen. Die Zusammensetzung der Darmflora wird aber unter anderem durch Ernährung, medikamentöse Behandlung, Umweltfaktoren und Stress beeinflusst und kann im ungünstigsten Fall derart gestört werden, dass sie die Gesundheit beeinträchtigt.

Die Darmflora bildet eine lebende Barriere gegen das Eindringen von Antigenen aus Lebensmitteln und krankmachenden Mikroorganismen. Wenn genügend physiologische Keime die Darmoberfläche besiedeln, ist quasi kein Platz für die pathogenen Bakterien. Zudem stimulieren die Keime ständig das Immunsystem und halten es damit in Alarmbereitschaft. Nur so ist es in der Lage, schnell auf Gefährdungen zu reagieren (11).

Es gibt aber noch weitere nützliche Eigenschaften der Darmflora. Die dort ansässigen Bakterien zersetzen unverdaute Bestandteile der Nahrung, beispielsweise aus Ballaststoffen, um sich zu ernähren. Dabei produzieren sie unter anderem kurzkettige Fettsäuren und Milchsäure. Kurzkettige Fettsäuren dienen den Zellen des Dickdarms als Energiequelle und erhalten sie gesund. Außerdem senken diese Fettsäuren und auch Milchsäure den pH-Wert des Darmlumens, was Krankheitserreger abtötet. Ist das Darmmilieu nicht sauer genug, können sich schädliche Fäulnisbakterien und Pilze im Darm stark vermehren (11).


*Milchsäurebakterien als Probiotika*

Bestimmte Stämme der Milchsäurebakterien besitzen probiotische Eigenschaften. Der Begriff „Probiotika" leitet sich von „pro bios" ab, das aus dem Griechischen stammt und bedeutet: Für das Leben, das Leben fördernd.

Probiotika sind definierte Mikroorganismenstämme, die lebend innerhalb eines Nahrungsmittels verzehrt werden. Sie müssen ausreichend wiederstandsfähig gegenüber Magensäure, Verdauungsenzymen und Gallensalzen sein, so dass sie im Darm nicht abgetötet werden und sich lebend, vor allem im Dickdarm, ansiedeln können. Probiotische Stämme für den Einsatz beim Menschen gehören hauptsächlich den Gattungen Lactobacillus und Bifidobacterium an und wurden ursprünglich aus der Darmflora des Menschen isoliert. Damit ist sichergestellt, dass es sich um Bakterienspezies handelt, die auch natürlicherweise im menschlichen Körper vorhanden sind.

Im Darm angekommen, bilden die Bakterien spezielle Eiweißstrukturen aus, mit denen sie sich an der Darmschleimhaut anheften (11; 24). Probiotische Mikroorganismen sind allerdings nicht in der Lage, dauerhaft im Darm zu verbleiben. Positive Wirkungen sind deshalb nur zu erwarten, wenn eine dauerhafte und regelmäßige Zufuhr über die Nahrung erfolgt. Bleibt dies aus, werden sie nach kurzer Zeit aus der Mikroflora des Darms verdrängt.

Verschiedene Studien belegen, dass Probiotika einen positiven Einfluss auf die Gesundheit nehmen können, indem sie die Zusammensetzung der Darmflora beeinflussen. Allerdings sind die genauen Wirkungen und Mechanismen noch weitgehend unklar. Unter anderem scheinen sie die immunologische Barriere des Darmes zu stabilisieren. Sie sollen die Lactoseverdauung fördern, da sie verstärkt Milchzucker abbauen, so dass Menschen mit Lactose-Intoleranz von probiotischen Lebensmitteln profitieren. Durch ihr Quellvermögen verursachen sie einen größeren und länger anhaltenden Sättigungseffekt. Zusätzlich erhöhen sie das Stuhlvolumen, was die Transitzeit des Stuhls im Darm verkürzt. Eine ausreichende Aufnahme von Probiotika kann somit vor Verstopfungen und Durchfallerkrankungen schützen (11). Weiterhin wird vermutet, dass einige Probiotika den Serum-Cholesterinspiegel senken können und dass die Veränderung des Keimspektrums die Entstehung von Darmkrebs hemmt (13; 24). Besondere Bedeutung kommt probiotischen Produkten zu, wenn die Darmflora durch Einnahme von Antibiotika stark geschädigt wurde.

Die meisten verfügbaren Studien über gesundheitliche Wirkungen von Milchsäurebakterien wurden mit probiotischen Milchprodukten durchgeführt, da diese die einzigen fermentierten Lebensmittel sind, die in unserer Nahrung mengenmäßige Bedeutung haben. Einige Studien mit Brottrunk lassen jedoch annehmen, dass die in ihm enthaltenen Milchsäurebakterien vergleichbare Wirkungen zeigen.

Eine regelmäßiger Verzehr von Brottrunk kann vermutlich aufgrund der enthaltenen probiotischen Milchsäurebakterien die mikrobielle Besiedlung des Darms und die Gesundheit beeinflussen.
In den folgenden Kapiteln erhalten Sie einen Überblick über den aktuellen Stand der Wissenschaft zu den Effekten von Brottrunk auf den menschlichen Körper sowie bei verschiedenen Erkrankungen.

*Welchen Einfluss hat Brottrunk auf die Darmflora?*

Die Zusammensetzung der Darmflora wird durch viele unterschiedliche Faktoren beeinflusst. Auch eine Darminfektion oder ein Klimawechsel können sich auf die Flora des Darms auswirken.

Der Verzehr von Lebensmitteln wie Brottrunk, die lebende Milchsäurebakterien in größerer Zahl enthalten, kann die Ausbildung und Erhaltung einer gesunden Darmflora unterstützen. Vor allem, wenn die Darmflora durch Antibiotika-Einnahme gestört wurde, können Probiotika bei ihrem Aufbau helfen.

Herrschen Milchsäurebakterien in der Darmflora vor, bewirken sie eine Absenkung des pH-Wertes im Darm und produzieren anti-mikrobielle Substanzen. Dies hemmt das Wachstum krankmachender Bakterien. Sie wirken also quasi wie ein natürliches Antibiotikum gegen unerwünschte Keime und halten die günstige Darmflora intakt. Sie schützen ebenfalls vor Pilzbefall und Protozoen-Infektionen (5; 22; 24).

Viele Vitamine werden erst durch das Vorhandensein von Milchsäurebakterien im Darm synthetisiert und dem Organismus verfügbar gemacht (9).


*Welchen Einfluss hat Brottrunk das Immunsystem?*

Das Immunsystem schützt den Körper vor dem Einfluss giftiger und krankheitserregender Substanzen und Lebewesen. An der Immunabwehr sind verschiedene Organe und Systeme beteiligt. Neben Knochenmark und Thymus zählt das Darm-assoziierte Immunsystem zu den wichtigsten Teilsystemen im Körper.

Der Darm beherbergt den größten Teil des menschlichen Immunsystems. Es verhindert, dass über die große Schleimhautfläche des Darmes Krankheitserreger in den Körper eindringen. Beeinflussen lässt sich die Funktion des Darm-assoziierten Immunsystems unter anderem durch den Verzehr von probiotischen Lebensmitteln wie Brottrunk oder Joghurt (vgl. Kapitel 4). Die lebenden Mikroorganismen bewirken eine Veränderung der Darmflora, unterstützen die Barrierefunktion des Darms und stimulieren das Immunsystem. Menschen, die regelmäßig Brottrunk trinken, leiden seltener an Erkältungskrankheiten und grippalen Infekten (8). Eine Umfrage unter Brottrunk-Trinkern zeigte außerdem, dass Menschen, die jahrelang Brottrunk tranken, seltener krank wurden und einen Arzt aufsuchen mussten (19).


*Welchen Einfluss hat Brotrunk auf den Mineralstoffhaushalt?*

Der Mineralstoffhaushalt ist für Stoffwechselvorgänge unentbehrlich und muss daher in engen Grenzen konstant gehalten werden (s. Kapitel 2, S. 10). Er ist von der biologischen Situation, Stress und Krankheiten des Einzelnen sowie dessen Umwelt abhängig. Werden Mineralstoffe dem Körper in unzureichender Menge zugeführt, treten charakteristische Mangelerscheinungen auf.
In diesem Zusammenhang wies eine klinische Prüfung des Brottrunks nach, dass er erniedrigte Elektrolytwerte (Kalium, Calcium, Magnesium) bei den Probanden wieder in den Normbereich anheben konnte (25). Nach lediglich siebentägiger Einnahme von 1,4 Liter Brottrunk täglich stiegen   die Kalium- und Calciumwerte statistisch signifikant an, die

Magnesiumwerte nach zwei Wochen. Die rasche Normalisierung scheint dadurch erklärbar zu sein, dass einerseits diese essentiellen Elektrolyte mit dem Urin nicht ausgeschieden werden und andererseits Brottrunk pro 100 g 24,5 mg Kalium, 12 mg Calcium und 9,3 mg Magnesium enthält.

Dementsprechend ist festzuhalten, dass Brottrunk sowohl einen präventiven als auch therapeutischen Wert bei Kalium-, Calcium- und Magnesiummangel besitzt.

### Brottrunk zur Unterstützung der Therapie bestimmter Erkrankungen

### Erkältungskrankheiten

Sie sind meist virusbedingte, akute Infektionen der oberen Atemwege und gehören zu den am häufigsten auftretenden Erkrankungen überhaupt. Besonders gefährdet sind Menschen mit chronischen Krankheiten (z.B. Diabetes mellitus), schwacher Immunabwehr oder ältere Personen.

Einen möglichen Zusammenhang zwischen der regelmäßigen Einnahme von Brottrunk und der Häufigkeit des Vorkommens einer Erkältung konnte eine Studie von Dr. Ronald Grossarth-Maticek nachweisen (8). Von 108 Probanden tranken 36 Personen täglich zwischen 0,1 und 0,5 Liter Brottrunk über einen Zeitraum von drei Monaten. Zusätzlich wurde wöchentlich das Befinden erfragt und Informationen über mögliche Erkältungskrankheiten oder andere Infekte wurden eingeholt. Es ergab sich, dass diejenigen, die Brottrunk einnahmen deutlich weniger krankgeschrieben waren und seltener an Formen schwerer Grippe litten. Außerdem zeigten sie innerhalb der gesamten Einnahmezeit ein erhöhtes Wohlbefinden. Vermutet wird, dass die Verringerung der Müdigkeits- und Erschöpfungszustände auf die Stimulierung des zentralen Nervensystems und Stabilisierung des Herz-Kreislaufsystems zurückzuführen sind.

Die Ergebnisse zeigen, dass Brottrunk einen präventiven Charakter aufweist und zur Vorbeugung von Grippen und Erkältungskrankheiten empfehlenswert sein kann.

### Durchfall (Diarrhoe)

Die häufigste Ursache für akuten Durchfall sind Bakterien- oder Virusinfektionen. Manche Menschen leiden auch während der Einnahme von Medikamenten, vor allem Antibiotika, unter Durchfall. Durchfälle können aber auch umgekehrt zu einer Schädigung der Darmflora führen. Mit dem häufigen und wässrigen Stuhlgang wird ein großer Teil der Bakterien der Darmflora mit ausgeschieden.

In einem gesunden Darm schützt die Darmflora vor dem Eindringen pathogener Keime (s. Kapitel 3, Seite 17). Probiotische Lebensmittel wie beispielsweise Brottrunk können diese Funktion unterstützen. Wissenschaftliche Studien belegen, dass einige Bakterienstämme Dauer und Häufigkeit von Durchfallerkrankungen vermindern (7; 14; 18; 24). Studien lassen sogar vermuten, dass probiotische Produkte bei chronisch entzündlichen Darmerkrankungen wie Morbus Crohn und Colitis ulcerosa hilfreich sind (7).

### Schuppenflechte (Psoriasis)

Psoriasis ist eine chronisch entzündliche Erkrankung der Haut, deren Ursachen noch nicht genau geklärt sind. Verschiedene auslösende Faktoren werden diskutiert, darunter unter anderem ein Hefepilzbefall des Darms mit *Candida albicans* sowie Infektionskrankheiten.

In einer dafür angelegten Studie tranken 41 Probanden, deren Psoriasis bereits erfolglos mit herkömmlichen Methoden behandelt worden war, täglich drei mal 0,2 Liter Brottrunk. Zudem erhielten sie eine ausführliche Ernährungsberatung, ernährten sich mit biologisch angebauten Lebensmitteln und verzichteten auf Zusatzstoffe. Nach einem Jahr hatten bei 91% der Teilnehmer die Beschwerden nachgelassen und 94% berichteten von einem allgemein verbesserten Wohlbefinden. Vermutet wird, dass eine Verbesserung der Darmflora und die Stimulierung des Immunsystems für die Linderung der Krankheit verantwortlich waren (20).

Da die Probandenzahl dieser Studie sehr gering ist, können keine allgemein gültigen Rückschlüsse auf die Wirkung von Brottrunk gezogen werden, die Ergebnisse sind jedoch beeindruckend. Regelmäßiger Genuss von Brottrunk als Bestandteil einer insgesamt gesunden Ernährung scheint eine Psoriasis-Behandlung sinnvoll zu unterstützen.

### Neurodermitis

Auch bei Neurodermitis handelt es sich um eine chronische Hauterkrankung, die durch trockene Haut, Juckreiz und Rötungen gekennzeichnet ist. Genetische Faktoren, Allergien und Stress scheinen eine Rolle bei den Ursachen zu spielen. Bei vielen Patienten kann bereits eine intensive Hautpflege Linderung bringen. In schweren Fällen müssen in die Therapie Medikamente, die Ernährung sowie eine psychische Betreuung einbezogen werden. Aus Sicht der Naturheilkunde spielt die Darmgesundheit eine entscheidende Rolle, denn viele Neurodermitiskranke leiden unter einer gestörten Darmflora.

Viele Studien lassen darauf schließen, dass der Einsatz von Probiotika bei der Behandlung von Neurodermitis sinnvoll sein könnte. Unter anderem können sie die Darmflora normalisieren, die Stabilität der Darmbarriere erhöhen und die entzündliche Reaktion hemmen (10). In einer Studie erzielte die Verabreichung von probiotischen Lactobazillen über sechs Wochen bei 56% der teilnehmenden Kinder eine Linderung der Symptome (17). Auch die Lactobazillen des Brottrunks scheinen sich positiv auf die Neurodermitis auszuwirken, da Brottrunk nach Patientenberichten zu einer Verbesserung der Krankheit sowie einem Nachlassen des Juckreizes führte.

### Pilzerkrankungen

Der Hefepilz *Candida albicans* ist ein natürlicher Bestandteil unserer Haut- und Schleimhautflora. *Candida albicans* wird normalerweise von einem gut funktionierendem Immunsystem und der restlichen Mikroflora in Schach gehalten. Ist das Immunsystem im Darm jedoch geschwächt und herrschen bestimmte Bedingungen vor, kann er sich allerdings stark vermehren und seinen Lebensraum überwuchern. Es entsteht eine Pilzinfektion, auch als Candidose oder Soor bezeichnet. In Extremfällen, beispielsweise bei stark immungeschwächten Personen (z.B. AIDS-Patienten), kann die Besiedlung auf viele andere Organe übergreifen und eine ernsthafte, sogar lebensbedrohliche, Erkrankung darstellen.

Fachleute diskutieren noch immer darüber, wie sich ein Hefepilzbefall des Darmes auf das Allgemeinbefinden auswirkt. Als typische Symptome gelten Schwäche und Müdigkeit, Schlafstörungen, wiederkehrende Vaginal- und Hautinfektionen, Reizbarkeit, Kopfschmerzen, Konzentrations- und Gedächtnisschwäche, Heißhunger, unreine Haut, Gelenkschmerzen sowie Verdauungsstörungen und Blähungen.

Der Verzehr von lebenden Milchsäurebakterien, wie sie in Brottrunk enthalten sind, kann die gesunde Darmflora unterstützen und hält damit das Hefepilzwachstum in Grenzen. In Tierstudien zeigte sich nach Fütterung von Lactobazillen eine deutlich bessere Immunabwehr gegen *Candida albicans* (4). Wissenschaftler zeigten an einem Modell des menschlichen Dickdarms, dass bei einer durch Antibiotika gestörten Darmflora leicht eine Candida-Überwucherung erfolgen kann. Die Zugabe probiotischer Keime bewirkte eine deutliche

Verminderung des Pilzbefalls (15). Bei Anwesenheit von Milchsäurebakterien können sich die Hefepilze schlechter an Zellen anheften und dort vermehren (1).

Darüber hinaus bietet der Verzehr von lebenden Lactobazillen auch einen Schutz vor vaginalem Candida-Befall (24). Das verminderte Wachstum des Hefepilzes im Darm bewirkt ein geringeres Infektionsrisiko. Zudem können die Milchsäurebakterien aus dem Darm die Vagina kolonisieren und dort einen direkten Schutz vor Hefepilzbefall darstellen. Die Studien hierzu sind vielversprechend (12).

### *Dyslipidämien (Erhöhte Blutfettwerte)*

Wissenschaftler beobachteten, dass Milchsäurebakterien den Gehalt von Cholesterin in ihrem Nährmedium vermindern können. Daher rührt die Vermutung, dass diese Bakterien auch zur Senkung des Serumcholesterinspiegels genutzt werden könnten. Mehrere Theorien werden dabei diskutiert (24): Milchsäurebakterien können Cholesterin an sich binden und zersetzen. Dadurch dürfte weniger Nahrungscholesterin aus dem Darm in die Blutbahn gelangen. Außerdem sind die Bakterien in der Lage, Gallensäuren zu dekonjugieren. Diese Veränderung bewirkt, dass die Gallensäuren nicht wieder in den Körper aufgenommen werden können. Da sie aber für die Verdauungsarbeit benötigt werden, muss die Leber neue Gallensäuren herstellen. Als Ausgangssubstanz verwendet sie dafür Cholesterin aus dem Blut, was zu einer Absenkung des Cholesterinspiegels führt.

Zu diesem Thema wurden viele Studien mit probiotischen Milchprodukten durchgeführt, doch die Ergebnisse sind nicht eindeutig. Eine Übersichtsarbeit stellte eine moderate Senkung der Cholesterinwerte durch probiotische Milchprodukte fest, wies jedoch auch auf Studien mit entgegengesetztem Ergebnis hin (16).

In einer Tierstudie zeigte sich ein prophylaktischer Nutzen: Mäuse erhielten sieben Tage lang Milchsäurebakterien und wurden danach sieben Tage lang mit einer fettreichen Kost gefüttert. Die dadurch hervorgerufene Hypercholesterinämie war deutlich geringer als bei den Tieren, die vorher keine probiotischen Kulturen erhalten hatten (23).

Die cholesterinsenkende Wirkung der Milchsäurebakterien scheint stark vom eingesetzten Stamm, von der verzehrten Menge und vom Lipidstatus der Probanden abzuhängen (24). In einer klinischen Prüfung zeigte sich jedoch, dass der Effekt von Brottrunk auf die Serumcholesterinwerte denen neuester Pharmaka zur Serumcholesterinsenkung gleicht (25). Das Bedeutende dabei war, dass keine Nebenwirkungen auftraten. Bei den untersuchten Probanden sank das LDL-Cholesterin, wobei sowohl das HDL-Cholesterin als auch die Serum-Triglyzeride unbeeinflusst blieben. Brottrunk kann also eine selektive Cholesterinsenkung herbeiführen.

### *Diabetes mellitus*

Diabetes mellitus ist eine chronische Stoffwechselkrankheit, die durch erhöhte Blutzucker-werte und die Ausscheidung von Zucker im Urin charakterisiert ist. Mehr als sechs Millionen Menschen in Deutschland sind von Diabetes mellitus betroffen. Eine gesunde Ernährungs- und Lebensweise sowie viel Bewegung sind unverzichtbar in der Therapie.

Eine Untersuchung der niederländischen Ärzte Houwert und Storms an 31 Typ 1 und 28 Typ 2 Diabetikern zeigt positive Effekte von Brottrunk: Nachdem die Patienten über drei Monate täglich 100 Milliliter Brottrunk zu sich nahmen, stellten die Wissenschaftler eine deutliche Besserung der Blutzucker- und HbA1c-Werte fest (9). Bei Ratten bewirkte die Gabe einer

Nahrung mit Lactobazillen eine verbesserte Insulinproduktion, verringerte HbA1c-Werte und verbesserte Glucosetoleranz (21).

In einer weiteren Tierstudie schützte die Gabe von Probiotika die Inselzellen des Pankreas vor Schädigungen und verhinderte damit die Entwicklung eines Typ 1 Diabetes mellitus (2). Das zeigt, dass Brottrunk eine sinnvolle Ergänzung für Menschen mit Diabetes mellitus darstellen kann.

### *Fazit: Die Bedeutung von Brottrunk in der Prophylaxe und Therapie von Krankheiten*

Die bisher vorliegenden wissenschaftlichen Untersuchungen legen nahe, dass Brottrunk bei der Behandlung von Erkrankungen wie Darmstörungen, Allergien und Diabetes mellitus eine sinnvolle Unterstützung darstellt. Brottrunk zeichnet sich durch eine sehr gute Akzeptanz und eine hohe Verträglichkeit aus. Die volle Nebenwirkungsfreiheit machen ihn zu einem idealen diätetischen Getränk.

Auch für Gesunde leistet er aufgrund seines Gehalts an lebenden Milchsäurebakterien einen bedeutenden Beitrag zu einer ausgewogenen Ernährungsweise. Das Getränk enthält außerdem wichtige Mineralstoffe, Vitamine und Aminosäuren bei gleichzeitig geringem Kaloriengehalt. Eine tägliche Einnahme ist deshalb empfehlenswert. Brottrunk lässt sich problemlos in den täglichen Speiseplan integrieren und in vielen schmackhaften Rezepten verarbeiten. Zahlreiche Brottrunk-Anwender berichten von positiven Effekten auf ihre Gesundheit.


### *Anwendungsformen von Brottrunk*


### *Trinkkur*

Zur Vorbeugung von Immunschwäche oder zur begleitenden Therapie chronischer Erkrankungen ist es sinnvoll, Brottrunk über einen langen Zeitraum einzunehmen. Ein- bis dreimal täglich sollten je 0,2 Liter Brottrunk zu oder nach den Mahlzeiten getrunken werden. Wer eine geschmackliche Abneigung verspürt, sollte Brottrunk zu gleichen Teilen mit Apfelsaft mischen oder gut gekühlt servieren, dann kommt der charakteristische säuerliche Geschmack nicht so sehr zum Tragen.


### *Äußerliche Anwendung*

Neben der innerlichen Anwendung kann Brottrunk auch äußerlich zur Pflege und Stärkung der Haut eingesetzt werden. Die Milchsäurebakterien erneuern und stabilisieren den natürlichen Säureschutzmantel der Haut und machen sie widerstandsfähiger beispielsweise gegen Austrocknung oder Belastungen. Für Vollbäder wird ein Liter Brottrunk zu etwa 35° C warmen Badewasser gegeben (auf weitere Zusätze dann verzichten). Das Bad sollte nicht länger als 15 Minuten dauern. Brottrunk kann auch nach dem Duschen für eine Ganzkörperabreibung genutzt werden. Nach dem Abtrocknen wird der Brottrunk leicht in die Haut einmassiert und nicht abgewaschen. Auch bei Halsschmerzen, Erkältungen, geschwollenen Füßen oder Insektenstichen finden mit Brottrunk befeuchtete Wickel oder Auflagen Anwendung.

**Literaturquellen**

1. Biasoli MS; Magaró HM: In vitro effect of carbohydrates and enteric bacteria on adherence of Candida albicans. Rev Iberoam Micol 2003; 20: 160-3
2. Calcinaro F et al.: Oral probiotic administration induces interleukin-10 production and prevents spontaneous autoimmune diabetes in the non-obese diabetic mouse. Diabetologia 2005; 48: 1565-75
3. Deutsche Gesellschaft für Ernährung e.V. (Hrsg.): Die Nährstoffe. 1. Auflage 2004, S. 58-63
4. Elahi S et al.: Enhanced clearance of Candida albicans from the oral cavities of mice following oral administration of Lactobacillus acidophilus. Clin Exp Immunol 2005; 141: 29-36
5. Gänzle MG et al.: Characterization of Reutericyclin Produced by *Lactobacillus reuteri* LTH2584. Appl Environment Microbiol 2000; 66: 4325-33
6. Gerhardt G, Wenzel B: Brottrunk – Sauer und gesund. Karl F. Haug Verlag 2003, S. 16-17
7. Goossens D et al.: Probiotics in gastroenterology: indications and future perspectives. Scand J Gastroenterol 2003; 239 (suppl): 15-23
8. Dr. Ronald Grossarth-Maticek: Häufigkeit von Grippe und Erkältungskrankheiten bei Einnahme eines milchsäurehaltigen Getränkes. Erfahrungsheilkunde 1990; 39: 386-90
9. Houwert D, Storms F: Untersuchungen zur Wirkung eines milchsauer vergorenen Getränkes bei Diabetes mellitus. Erfahrungsheilkunde 1997; 46: 444-447
10. Isolauri E: Dietary modification of atopic disease: use of probiotics in the prevention of atopic dermatitis. Curr Allergy Asthma Rep 2004; 4: 270-5
11. Isolauri E et al.: Probiotics: effects on immunity. Am J Clin Nutr 2001; 73 (suppl): 444S-50S
12. Jeavons HS: Prevention and treatment of vulvovaginal candidiasis using exogenous Lactobacillus. J Obstet Gynecol Neonatal Nurs 2003; 32: 287-96
13. Lin DC: Probiotics as functional foods. Nutr Clin Pract 2003; 18: 497-506
14. Marteau PR et al.: Protection from gastrointestinal diseases with the use of probiotics. Am J Clin Nutr 2001; 73: 430S-6S
15. Payne S et al.: In vitro studies on colonization resistance of the human gut microbiota to Candida albicans and the effects of tetracycline and Lactobacillus plantarum. Curr Issues Intest Microbiol 2003; 4: 1-8
16. Pereira DI; Gibson GR: Effects of consumption of probiotics and prebiotics on serum lipid levels in humans. Crit Rev Biochem Molec Biol 2002; 37: 259-81
17. Rosenfeldt V et al.: Effect of probiotic Lactobacillus strains in children with atopic dermatitis. J Allergy Clin Immunol 2003; 111: 389-95
18. Rosenfeldt V et al.: Effect of probiotic Lactobacillus strains in young children hospitalized with acute diarrhea. Pediatr Infect Dis J 2002; 21: 411-6
19. Scholz P: Die Auswirkungen von Brotgetreidesäuren im statistischen Vergleich. Erfahrungsheilkunde 1995; 9: 577-84
20. Scholz P: Die Bedeutung der Brotgetreidesäuren bei der Behandlung der Psoriasis. Erfahrungsheilkunde 1998; 47: 483-488
21. Tabuchi M et al.: Antidiabetic effect of Lactobacillus GG in streptozotocin-induced diabetic rats. Biosci Biotechnol Biochem 2003; 67: 1421-4
22. Talarico TL et al.: Production and Isolation of Reuterin, a Growth Inhibitor Produced by *Lactobacillus reuteri*. Antimicrob Agents Chemother 1988; 32: 1854-8
23. Taranto MP et al.: Effect of Lactobacillus reuteri on the prevention of hypercholesterolemia in mice. J Dairy Sci 2000; 83: 401-403

24. Watzl B, Leitzmann C: Bioaktive Substanzen in Lebensmitteln. 2. Auflage 1999, Hippokrates Stuttgart, S. 183-200
25. Professor Dr. med. F. Matzkies: Erläuternder Kommentar zur klinischen Prüfung des Kanne-Brottrunk. 2003; Deni Druck & Verlags GmbH; 86470 Thannhausen, S. 12-13; S. 20-21
26. Kanne Hauszeitung, www.brottrunk.de

**Autor**

Sven-David Müller, M.Sc. (Master of Science in Applied Nutritional Medicine), staatlich anerkannter Diätassistent, Diabetesberater der Deutschen Diabetes Gesellschaft (DDG), Zentrum und Praxis für Ernährungskommunikation, Diätberatung und Gesundheitspublizistik (ZEK), Haddamshäuser Weg 4a, 35096 Weimar an der Lahn, diaetmueller@web.de, www.svendavidmueller.de